BEI GRIN MACHT SICH IHR WISSEN BEZAHLT

- Wir veröffentlichen Ihre Hausarbeit, Bachelor- und Masterarbeit

- Ihr eigenes eBook und Buch - weltweit in allen wichtigen Shops

- Verdienen Sie an jedem Verkauf

Jetzt bei www.GRIN.com hochladen und kostenlos publizieren

Bibliografische Information der Deutschen Nationalbibliothek:

Die Deutsche Bibliothek verzeichnet diese Publikation in der Deutschen Nationalbibliografie; detaillierte bibliografische Daten sind im Internet über http://dnb.d-nb.de/ abrufbar.

Dieses Werk sowie alle darin enthaltenen einzelnen Beiträge und Abbildungen sind urheberrechtlich geschützt. Jede Verwertung, die nicht ausdrücklich vom Urheberrechtsschutz zugelassen ist, bedarf der vorherigen Zustimmung des Verlages. Das gilt insbesondere für Vervielfältigungen, Bearbeitungen, Übersetzungen, Mikroverfilmungen, Auswertungen durch Datenbanken und für die Einspeicherung und Verarbeitung in elektronische Systeme. Alle Rechte, auch die des auszugsweisen Nachdrucks, der fotomechanischen Wiedergabe (einschließlich Mikrokopie) sowie der Auswertung durch Datenbanken oder ähnliche Einrichtungen, vorbehalten.

Impressum:

Copyright © 2015 GRIN Verlag
Druck und Bindung: Books on Demand GmbH, Norderstedt Germany
ISBN: 9783668618220

Dieses Buch bei GRIN:

https://www.grin.com/document/385839

Claudia Schulze

Die Darstellung von Prismen und Pyramiden im Schrägbild (Mathematik 7. Klasse)

GRIN - Your knowledge has value

Der GRIN Verlag publiziert seit 1998 wissenschaftliche Arbeiten von Studenten, Hochschullehrern und anderen Akademikern als eBook und gedrucktes Buch. Die Verlagswebsite www.grin.com ist die ideale Plattform zur Veröffentlichung von Hausarbeiten, Abschlussarbeiten, wissenschaftlichen Aufsätzen, Dissertationen und Fachbüchern.

Besuchen Sie uns im Internet:

http://www.grin.com/

http://www.facebook.com/grincom

http://www.twitter.com/grin_com

Universität Leipzig
WS 2015/16

Schulpraktische Übungen

Ausführlicher Stundenentwurf
Üben von Schrägbild und Zweitafelbild von Prismen

26.11.15, Klasse 7

11.20 – 12.05 Uhr

Leipzig, März 2016

Inhaltsverzeichnis

1. Einordnung in den Gesamtzusammenhang	3
2. Bedingungsanalyse	4
3. Sachanalyse	6
4. Lernziele	6
5. Didaktische Analyse nach Klafki	7
Gegenwartsbedeutung	7
Zukunftsbedeutung	7
Exemplarische Bedeutung	8
Inhaltliche oder thematische Strukturierung	8
Zugänglichkeit oder Darstellbarkeit der Stundeninhalte	9
6. Methodische Überlegungen	10
7. Reflexion der Unterrichtsstunde	10
8. Anhang	12
Verlaufsplan	12
Tafelbild	13
Lösungen der Aufgaben	14
Literaturverzeichnis	15

1. Einordnung in den Gesamtzusammenhang

Die Unterrichtsstunde ist im Lehrplan der 7. Klasse in den Lernbereich 3 „Darstellen und Berechnen von Prismen und Pyramiden" einzuordnen und wird nach Absprache mit der Lehrkraft parallel zum Lernbereich 2 „Arbeiten mit rationalen Zahlen" unterrichtet. Davor wurde der Lernbereich 1 „Geometrie in der Ebene" vollständig abgehandelt. Der Lernbereich 3 beinhaltet das Beherrschen des Darstellens von Prismen und Pyramiden in Schrägbild, Zweitafelbild und Netz, der Konstruktion der wahren Länge von Strecken sowie das Berechnen von Oberflächeninhalt, Volumen und Masse für Pyramiden und zusammengesetzte Körper. Des Weiteren sollen die SchülerInnen einen Einblick in das Lesen einfacher technischer Zeichnungen und Bauzeichnungen gewinnen. Um die Kenntnisse der SchülerInnen aus der 6. Klasse aufzufrischen, wurden zu Beginn der Unterrichtssequenzen Eigenschaften sowie Berechnungen zu Oberflächeninhalt und Volumen von Prismen wiederholt. Ebenso das Umrechnen von Längen-, Flächen- und Volumeneinheiten. Daran knüpfte das Erstellen von Schrägbildern, welches an Prismen mit dreieckiger und trapezförmiger Grundfläche gemeinsam an der Tafel erarbeitet wurde. In der vorangegangenen Stunde wurde in die Thematik des Zweitafelbildes mithilfe von Schatten, die ein Körper unter gradliniger Bestrahlung nach verschiedenen Seiten wirft, eingeführt. Anschließend wurde das Zeichnen von Zweitafelbildern gemeinsam geübt. In der geplanten Stunde soll das Überführen eines Zweitafelbildes in ein Schrägbild und umgekehrt geübt und gefestigt werden. Des Weiteren sollen Vor- und Nachteile verschiedener Darstellungsarten aufgezeigt werden. Nach der vorliegenden Stunde werden Schrägbild und Zweitafelbild zeichnen weiter geübt, um abschließend mit einer Kontrolle die Leistungen zu überprüfen.

2. Bedingungsanalyse

Die Klasse 7 besteht aus 28 Kinder, davon sind 18 Mädchen. Alle SchülerInnen haben in etwa dasselbe Alter. Der Mathematikunterricht verteilt sich in der Woche mit zwei jeweils Stunden auf Dienstag und Donnerstag. Im Rahmen der Schulpraktischen Übungen unterrichten wir, als Studentengruppe, donnerstags die 4. und 5. Stunde als Einzelstunden, 10.25-11.10 Uhr und 11.20-12.05 Uhr. Dazwischen haben die SchülerInnen 10 min Pause im Zimmer. In dem Klassenraum 020 ist eine magnetische Klapptafel, ein Overhead-Projektor und ein Waschbecken vorhanden. Die Schulbänke sind in 3 Reihen angeordnet, an der Wandreihe stehen 4 Bänke, auf Mittel- und Fensterreihe stehen jeweils 5 Bänke. Das Lehrerpult ist vor der Fensterreihe platziert. Das Zimmer kann genau 28 SchülerInnen unterbringen, kein Kind sitzt somit allein. Da die Klasse in der Pausenzeit aufgeweckt und laut, ist der Pausengong im Erdgeschoss schwer zu hören. Die Klasse ist nach Aussage der Lehrkraft lernwillig, braucht aber klare Strukturen und Motivation. Die Leistungen in der Klasse sind breit gefächert. Die Mitarbeit kann als gut beschrieben werden. Im Vergleich zur ersten Mathematikstunde donnerstags, ist in der Zweiten ein Leistungsabfall zu verzeichnen, der sich besonders in der Aufmerksamkeit widerspiegelt. Tommy, der auf ersten Bank der Wandreihe sitzt, hat die Gewohnheit sich im Unterricht mit Rücken an der Wand anzulehnen, um dadurch die ganze Klasse im Blick zu haben. Da auf der zweiten Bank dieser Reihe auch Jungs sitzen, darunter Martin, werden des Öfteren Gespräche geführt und weiterhin der Unterricht gestört. Auch Malte lässt sich manchmal auf die Ablenkung ein, der in der Mittelreihe ganz hinten sitzt. Tommy gehört eher zu den leistungsschwächeren Schülern. Weil er ständig abgelenkt ist, beteiligt er sich kaum am Unterricht und an den Aufgaben. Er kann sich über einen längeren Zeitraum nur schwer konzentriert arbeiten. Martin gehört mit zu den leistungsstärkeren Schülern, stört jedoch im Unterricht durch laute Gespräche oder unruhiges Verhalten. Er arbeitet oft aktiv im Unterricht mit, ist mit seinen Aufgaben aber relativ schnell und steigt dann natürlich gern auf Tommy ein, der daraufhin seine Aufgaben nicht beendet. Malte nimmt abwechslungsreich am Unterricht teil, er benötigt klare Strukturen und auch Ruhe beim Arbeiten. Bei Malte ist anzumerken, dass bei ihm das Asperger-Syndrom diagnostiziert wurde. Manchmal liest er im Unterricht Bücher oder setzt sich Kopfhörer auf, jedoch immer nur so, dass er dem Unterrichtsgeschehen folgen kann. Es ist auch auf genügend Licht und ein gutes Raumklima, zudem frische Luft zu achten. Sowie Martin und Malte gehört auch Stella zu den leistungsstärkeren SchülerInnen, die nach Aussagen der Lehrkraft viel Interesse an der Mathematik zeigt. Im Unterricht ist sie sehr aktiv dabei. Auf der letzten Bank der Wandreihe sitzen 2 Mädchen, Saskia und Elisa, die die Klassenstufe wiederholen. Im Unterricht arbeiten sie passiv mit. Direkt vor dem Lehrerpult sitzen zwei Mädchen, die durch gegenseitige leise Gespräche im Unterricht schnell abgelenkt sind. Sie brauchen meist sehr viel Zeit beim Bearbeiten von Aufgaben oder der Übernahme des Tafelbildes. Sie haben gewisse Schwierigkeiten im Fach Mathematik, da sie sich kaum am Unterricht beteiligen und wenig Interesse an mathematischen Inhalten zeigen. Dadurch ist in der Klasse ein gewisser Unterschied im Arbeitstempo zu verzeichnen. Auf der letzten Bank der Fensterreihe sitzen Moritz und Ludovico, die meistens zu zweit arbeiten, auch wenn Einzelarbeit ansteht. Dann haben sie oft die selben Fehler, auch in Leistungskontrollen. Hier sollte darauf geachtet werden, dass sie wirklich allein arbeiten. Insgesamt hält die Klasse gut zusammen, dabei wird auch Malte so akzeptiert, wie er ist und sie nehmen gegenseitig auf sich Rücksicht. Die SchülerInnen besitzen einen Hefter, das Lehrbuch *Elemente der Mathematik* und das dazugehörige Arbeitsheft, welches zu jeder Stunde mitgeführt wird. Am Anfang der Schulpraktischen Übungen wurde den SchülerInnen von der Lehrerin mitgeteilt, dass Geodreieck und Zirkel bereitzuhalten sind. Das Vorwissen aus Klasse 6 zu Prismen war bei den meisten SchülerInnen stückweise vorhanden, musste aber nochmal wiederholt und aufgefrischt werden. Die Lehrerin Frau Beck hat in ihrem Unterricht oft die Sozialform Partnerarbeit verwenden, vor allem beim gegenseitigen Korrigieren der Aufgaben. Da die SchülerInnen gut mit einander arbeiten, bietet es sich an, sie auch in der Gruppe arbeiten zu lassen. Die SchülerInnen sind größtenteils aufgeschlossen, was das Unterrichten von Studierenden anbelangt und lassen sich kaum davon stören, dass jedes mal sechs Zuschauer hinten in der Klasse sitzen. Mir gegenüber reagierten die SchülerInnen nett, nahmen jedoch nicht alle Zurechtweisungen ernst. Das Arbeitsverhalten der Klasse ist insgesamt gut, es sollten für manche SchülerInnen nur keine längeren Pausen zwischen den Phasen entstehen.

3. Sachanalyse

Als Schrägbild eines Körpers bezeichnet man in der darstellenden Geometrie die 3-dimensional wirkende Darstellung eines Körpers auf einer ebenen Fläche aus schräger Perspektive. Ein Prisma ist ein geometrischer Körper, dessen Seitenkanten parallel und gleich lang sind und der ein Vieleck als Grundfläche hat. Deck- und Grundfläche sind demnach kongruent zueinander. Um ein Schrägbild zu zeichnen wird als Hilfestellung zuerst die Fläche, auf die der Körper steht, skizziert. Daran wird überlegt, welche Kanten um die Hälfte verkürzt und um 45° geneigt gezeichnet werden müssen. Danach wird mit der Grundfläche begonnen. An jeden Eckpunkt wird die Höhe gesetzt, um die Deckfläche schließlich zu ergänzen. Bei der Beschriftung muss darauf geachtet werden, bei der Grundfläche zu beginnen und dann gegen den Uhrzeigersinn vorzugehen. Im Zweitafelbild werden Punkte am Grundriss mit einem Strich und am Aufriss mit zwei Strichen markiert. Bei der Zeichnung eines Zweitafelbildes wird zuerst die Rissachse gezeichnet. Danach zeichnet man oberhalb der Rissachse die Frontansicht des Körpers. Ordnungslinien geben Hilfestellungen, um den Grundriss des Körpers auf der unteren Hälfte der Rissachse zu setzen. Die Eindeutigkeit eines geometrischen Körpers ist nur gegeben, wenn zusätzlich der Seitenriss eine dritte Ansicht beschreibt.

4. Lernziele

Sachkompetenz

· Die SchülerInnen können die Eindeutigkeit von Zweitafelbildern kritisch beurteilen.

· Die SchülerInnen können gegebene Zweitafelbilder von Prismen in verschiedenen Lagen richtig zuordnen.

· Die SchülerInnen können ein Zweitafelbild richtig beschriften.

· Die SchülerInnen können die Größe einer Fläche mit einer geeigneten Einheit abschätzen.

Methodenkompetenz

· Die SchülerInnen sind in der Lage mit Lineal und Geodreieck das Zweitafelbild eines Prismas von einem angegebenen Schrägbild zu zeichnen.

· Die SchülerInnen sind in der Lage mit Lineal und Geodreieck das Schrägbild eines Prismas von einem angegebenen Zweitafelbild zu zeichnen.

Soziale Kompetenz

- Die SchülerInnen sollen ihre soziale Fähigkeiten im Umgang mit ihrem Banknachbar ausbauen, in dem sie sich gegenseitig berichtigen und Fehler erklären.

5. Didaktische Analyse nach Klafki

Gegenwartsbedeutung

Prismen kennen die SchülerInnen bereits aus dem Mathematikunterricht der Klasse 6. Es wurden Eigenschaften von Prismen besprochen, Kavalierspektive sowie Zerlegungen des Netzes gezeichnet. Den Körper finden SchülerInnen auch im Alltag wieder, so besitzen zum Beispiel viele Verpackungen von Lebensmitteln diese Form. Oft werden geometrische Körper als vereinfachtes Modell benutzt. Prismen lassen sich auch an modernen Gebäudeformen, in der Architektur wiederfinden. Trotz Kenntnisse aus Klasse 6 ist es für sie problematisch, den Körper auf eine 2 dimensionale Fläche zu übertragen. Schrägbilder zu zeichnen gehört im allgemeinen Sinn zu den Grundfertigkeiten eines Schülers, einer Schülerin, da im Leben oft Skizzen angefertigt werden müssen. Dafür werden beim exakten Zeichnen Grundlagen gelegt, um später Strukturen und Proportionen stimmig zu skizzieren. Auch das Zweitafelbild in seinen einzelnen Bestandteilen ist den SchülerInnen im Alltag bereits begegnet, z.B. Bilder von Bauzeichnung. Bei Google Maps oder auf Plänen werden dem Karten Lesenden lediglich ein Blick von oben auf die Dinge gewährt. Daraus lässt sich trotzdem erkennen, dass es sich um ein bestimmtes Gebäude handelt, obwohl nur eine Dachfläche zu sehen ist. Frontansichten begegnen uns schon, wenn wir vor großen Hauswänden stehen. Diese Ansichten werden unter der Begrifflichkeit von Grund- und Aufriss aus Klasse 5 wiederholt und als Zweitafelbild zusammengeführt.

Zukunftsbedeutung

Das Beherrschen des Darstellens geometrischer Körper in Schrägbildern und Zweitafelbildern fördert das räumliche Verständnis. Explizit aus dem Zweitafelbild, das Grund- und Aufriss abbildet, müssen sich die SchülerInnen den gesuchten Körper gedanklich erstellen. Aber auch umgekehrt, müssen die SchülerInnen von einem Körper, der u.a. in einem Schrägbild dargestellt ist, die Vorder- und Draufsicht herauslösen und abbilden können. Das sorgt für ein besseres Verständnis, sich geometrische Körper im Kopf vorzustellen und mit ihnen zu arbeiten. Schrägbilder verwenden wir, um Modelle von Gegenständen zu skizzieren, welche man für Erklärungen heranzieht. Exakt Zeichnen ist vor allem in technischen Berufen gefragt, die einen großen Teil unseres Arbeitsmarktes ausmachen. Es werden technische Zeichnungen von Gebäuden oder sogar kleinsten Teilen erstellt. Diese beinhalten in Auf-, Grund- und Seitenriss sowie Schrägbild notwendige Daten, die für eine Weiterbearbeitung wichtig sind. Kleinste Fehler in der Abbildung können bereits größere Probleme in der Produktion aufweisen. Es kommt vor allem auf Genauigkeit an. Bei Bauzeichnungen, -plänen werden die Gebäude und Areale als Grundrisse vermerkt. Auf der Wohnungssuche gibt der Grundrisse die nötigen Informationen, welchen Schnitt die Wohnung hat. In der 7. Klasse werden die Grundfertigkeiten erlernt, wie Schräg- und Zweitafelbilder angefertigt werden. In den höheren Klassen werden die Kenntnisse weiter angewendet. Es ändert sich lediglich der abzubildende Körper.

Exemplarische Bedeutung

Die exemplarische Bedeutung von Schrägbildern und Zweitafelbildern ist grundlegend im Prinzip des Abbildens von Körpern bzw. Modellen. Dies fördert das räumliche Denken immens, welches für weitere Lebensbereiche notwendig ist. Schrägbilder erstellen schult die Fähigkeit reelle oder gedankliche Körper zu zeichnen. Dieser Themenbereich spiegelt sich auch in der Kunst wider, wenn es um Perspektiven geht oder um Gegebenheit festzuhalten, indem man sie abzeichnet. Das Zeichnen von Schrägbildern kann durch späteren Transfer auf beliebige Körper genutzt werden. Bereits Bekanntes in neue Sinnzusammenhänge zu bringen, beschreibt ein grundlegendes Prinzip der Mathematik. Auch das Zweitafelbild, welches die Verbindung von Grund- und Aufriss liefert, bietet dem Schüler, der Schülerin, später die Möglichkeit, die erlernten Fertigkeiten in neuen Zusammenhängen zu nutzen. Die SchülerInnen lernen jedoch, dass ein Zweitafelbild kritisch zu betrachten, da es nicht eindeutig ist. Prismen sind Körper die vielfältig auftreten. Sie bieten genug Bandbreite, um die grundlegenden Fertigkeiten ausreichend zu üben.

Inhaltliche oder thematische Strukturierung

Im Mittelpunkt der Stunde steht das Überführen eines Zweitafelbildes in ein Schrägbild und die umgekehrte Richtung. Des Weiteren sollen die Eigenschaften eines Tafelbildes wiederholt und geübt werden, auch hinsichtlich der Beschriftung der Eckpunkte. Ein Ausgangspunkt der vorherigen Stunde war, dass die SchülerInnen einen Körper aus ihrem Zweitafelbild erkennen. Jedoch sollte die Annahme der Eindeutigkeit von Zweitafelbildern in der Stunde widerlegt werden. Das geschieht durch das Problematisieren, dass das Zweitafelbild eines Würfels auch andere Körper beschreiben kann. Um einen Körper genauer abzubilden, wird der Seitenriss benötigt. Für das Bewusstwerden bot sich die Aufgabe 8a im Buch auf Seite 185 an. Das korrekte Beschriften der Eckpunkte wurde dann im Arbeitsheft beim Zeichnen geübt. Die SchülerInnen sollen allein ein Zweitafelbild aus einer Schrägbildzeichnung erstellen, um das bis dahin Gelernte zu üben. Nach dieser Teilaufgabe findet eine gemeinsame Korrektur, um mögliche Fehler sofort beheben zu können. Danach soll das Schrägbild aus dem Zweitafelbild erstellt werden. Für die Anschaulichkeit, wie das Prisma dargestellt ist, wurden Prismen mit einer trapezförmigen Grundfläche ausgeteilt. Mit der Aufgabe 6 im Arbeitsheft auf Seite 58 sollen die SchülerInnen mit einem Perspektivenwechsel von geometrischen Körpern ihr räumliches Verständnis weiter fördern. Da die Konzentration zum Ende der Stunde hin fällt, soll der Unterricht mit einer täglichen Übung abklingen, indem Flächen geschätzt werden sollen, da der richtige Umgang mit Einheiten für das Berechnen von Oberflächeninhalt und Volumen wichtig ist. Am Ende der Stunde sollte jeder Schüler, jede Schülerin, die Herangehensweise an ein Schrägbild sowie an das Zweitafelbild richtig verstanden haben. Um das Gelernte zu wiederholen und zu festigen, wurden am Schluss noch Hausaufgaben aufgegeben.

Zugänglichkeit oder Darstellbarkeit der Stundeninhalte

Der Unterrichtseinstieg wurde eher kurz gehalten, um direkt an die vorhergehende Stunde anzuknüpfen. Um auf die Problematik der Mehrdeutigkeit eines Zweitafelbildes hinzuweisen, dienten ein Zylinder und ein halber Zylinder, die als modellhafte Körper mit gebracht wurden. Daran wurden Aufriss und Grundriss überprüft, um festzustellen, dass die Körper ebenfalls ein Zweitafelbild, wie ein Würfel aufweisen würden. Um sich die Lage des Prismas mit trapezförmiger Grundfläche in seiner abzuzeichnenden Lage besser vorstellen zu können, wurde auch da ein passender Körper ausgeteilt. Damit die SchülerInnen ein besseres Gefühl für Flächen bekommen, sollten Tafel, Tür, Tisch usw. in ihrer Fläche geschätzt werden, da viele SchülerInnen zwar mit den Größen hantieren können, aber keine Vorstellung haben, wie groß eigentlich z.b. die Fläche der Tafel ist. Daran sollten die SchülerInnen nochmals einen anderen Zugang am Umgang mit Einheiten bekommen.

6. Methodische Überlegungen

Nach dem Einleiten der Stunde wird zunächst das Arbeitsblatt, welches in der vorherigen Stunde bearbeitet wurde, gemeinsam durch Melden und Aufrufen kontrolliert. Danach wird der Klasse zur Problematisierung die Frage gestellt, ob das abgebildete Zweitafelbild nur einen Würfel kennzeichnet. Damit soll aufmerksam gemacht werden, dass ein Zweitafelbild nicht immer eindeutig sein muss. Dazu wird das Buch S. 185, Nr. 5a genauer betrachtet. Die SchülerInnen sollen ihre Antworten an die Tafel zeichnen und im Klassenverband überprüfen. Mitgebrachte Zylinder bzw. halber Zylinder sollen visualisierend wirken, damit ein anderen Zugang ermöglicht wird. Um das Zweitafelbild und deren Beschriftung zu üben, sollen die SchülerInnen einzeln im Arbeitsheft auf Seite 57 Nr. 5a bearbeiten. Für die Kontrolle werde die Arbeitshefte ausgetauscht, um mathematisch-kommunikative Fähigkeiten unter den Partnern zu stärken. Ein Kind soll nochmal für die Klasse wiederholen, was bei der Beschriftung zu beachten ist. Für die Aufgabe 5b im Arbeitsheft werden auf jeder Bank Prismen mit trapezförmiger Grundfläche ausgeteilt, als Hilfe für das Zeichnen des Schrägbildes. Bei der Bearbeitung soll extra nochmal auf die Beschriftung geachtet werden. Zur Kontrolle sollen die Arbeitshefte wieder ausgetauscht werden. Zur Lockerung und Weiterarbeiten ist die Aufgabe 6 im Arbeitsheft auf Seite 58 vorgesehen, bei der die SchülerInnen die passenden 2 Tafelbilder zusammen suchen müssen. Für verbleibende Zeit stehen die Dominos aus der ersten Unterrichtseinheit parat, die ausgeteilt werden können, oder eine tägliche Übung; das gemeinsame Schätzen von Flächen im Klassenraum, wie z. B. die Fläche der Tafel. Zwei der Schüler und Schülerinnen kommen vor an die Tafel und die anderen Schreiben auf ihr Übungsblatt. Ziel war es so nah wie möglich an der nachgemessenen Fläche zu liegen. Die Stunde endet mit ein paar abschließenden Sätzen, in denen der Stundeninhalt wiederholt wird, und mit der Ankündigung einer Leistungskontrolle sowie von Hausaufgaben.

7. Reflexion der Unterrichtsstunde

In der Planung hatte ich eigentlich das Gefühl, dass alles sehr gut zu funktionieren scheint, auch wie ich es von der Zeit geplant hatte. Ich habe mir extra Aufgaben heraus gesucht, die ich anwende, wenn noch etwas Zeit übrig bleibt. Dass ich mehr Zeit benötigen würde, damit habe ich ehrlich gesagt nicht gerechnet. Den Plan konnte ich eigentlich ganz gut abarbeiten, bis wir zum Üben mit der Aufgabe 57 im Arbeitsheft gekommen sind. Die SchülerInnen hatten starke

Probleme ein Schrägbild in ein Zweitafelbild zu verwandeln und umgekehrt. Bei dem dreiseitigen Prisma hat es noch einigermaßen geklappt, aber das trapezförmige Prisma wies mehrere Probleme auf. Viele haben die Ansicht einfach verdreht, weil es sich einfacher zeichnen ließ. Oft wurde nicht auf die Längenverkürzung und den 45 Grad Winkel geachtet. Um wenigstens die Aufgabe noch fertig zu bekommen, habe ich versucht die Aufgabe nochmal vorzumachen. Dabei habe ich gemerkt, dass sich die Aufgabe nicht gut kontrollieren lässt, indem die SchülerInnen die Hefte tauschen, ich hätte die Lösung z.b. bereits an die verdeckte Tafelseite zeichnen können. Die Aufgabe hat die SchülerInnen ziemlich unmotiviert. Obwohl immer ein gewisser Leistungsabfall in der 2. Mathematikstunde zu verzeichnen gewesen war, schienen sie noch lustloser. Tommy jammerte sogar, er könne nicht mehr, nach dem ich ihm mehrmals zum Weiterarbeiten ermahnt habe. Ich bin davon ausgegangen, dass die SchülerInnen die Aufgabe gut meistern, da wir genau so ein Beispiel gemeinsam an der Tafel gemacht hatten. Eigentlich hatte ich nach der Aufgabe eine lockernde Aufgabe angedacht, um einen runden Stundenabschluss hinzubekommen. Die Problematisierung mit der Uneindeutigkeit von Zweitafelbildern hat eigentlich gut funktioniert, obwohl Stella die einzige war, die weitere Vorschläge hatte. Es war schwer für mich einzuschätzen, wann der Zeitpunkt gekommen war, mit der nächsten Aufgabe anzufangen, da manche schon fertig waren und andere wiederum gerade erst angefangen haben. Im Nachhinein denke ich, es wäre besser einfach weiter zu arbeiten, da die Langsameren ihr Tempo auch mit anziehen würden, wenn sie merken, dass nicht mehr auf sie gewartet wird. Insgesamt war ich ein wenig enttäuscht, dass es bei der Bearbeitung der Aufgabe so viele Probleme gab. Generell sollte ich versuchen, noch ausgeglichener aufzutreten und mehr Selbstbewusstsein auszustrahlen. Des Weiteren sollte ich ein angemesseneres Unterrichtstempo finden. Für meine nächste Stunde nehme ich mir vor, noch genauer die Zeit durch zu planen, zu warten bis es ruhig ist, wenn ich sprechen möchte, und eventuell differenzierte Aufgaben anzubieten, wenn ich einen großen Unterschied im Arbeitstempo vorfinde.

8. Anhang

Verlaufsplan

Klasse: 7
Do, 26.11.15
5. Stunde 11.20 – 12.05 Uhr

Thema: Üben von Zweitafelbild/Schrägbild von Prismen

Zeit	Phase	Unterrichtsgeschehen	Methode/ Sozialform	Medien
11.20' 2'	Einstieg	Begrüßung, Name, Datum	FU	Tafel
11.22' 8'	Vergleichen	**restliches AB vergleichen**	EA	Arbeitsblatt
11.30' 3'	Problematisierung	LB. S. 185 Nr. 8a → Frage zur Eindeutigkeit/ Abstand zur Rissachse	UG	Lehrbuch/ Körper **(Zylinder/halber Zylinder)**
11.33' 7'	Üben	Nach Beschriftung fragen **Arbeitsheft S. 57 Nr. 5a** Hefte mit Banknachbar tauschen/kontrollieren (nachmessen/ Beschriftung) Körper austeilen	EA/ PA	Arbeitsheft
11.40' 10'	Üben	Nach Beschriftung fragen **Arbeitsheft S. 57 Nr. 5b** Hinweis: Körperhöhe/Beschriftung mit Bleistift Nachbar kontrolliert wichtig: Beschriftung der Zeichnung	EA/PA	Arbeitsheft/ Körper
11.50' 5'	Weiterführung	*Arbeitsheft S. 58 Nr. 6* → *Auffälligkeit?*	EA	Arbeitsheft
(5') 11.55'	Puffer, Wiederholung	TÜ: Schätzfragen (Tafel, Tisch, Daumenkuppe, Tür), Domino	PA/UG	Dominos, Lineal
12.00' 5'	Abschluss	HA: AH. S. 57 Nr. 4 Test ankündigen	FU	HA-heft

Tafelbild

Tafel

Links	Mitte	Rechts
	26.11.16	
	Üben von Zweitafelbild und Schrägbild von Prismen	
	185/8a Seitenriss	

Links hinten
TÜ von SchülerIn 1
1. 2. 3. …

Rechts hinten
TÜ von SchülerIn 1
1. 2. 3. …

Lösungen der Aufgaben

Lehrbuch *Elemente der Mathematik,* S. 185 Nr. 8a:

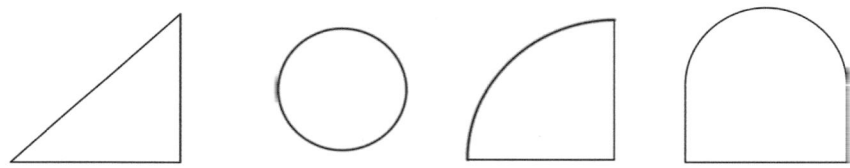

Literaturverzeichnis

· Griesel H., Postel H., Suhr F., Ladenthin W. (2012). *Elemente der Mathematik – Schülerband 7.* Ausgabe für Sachsen Braunschweig: Schrödel

· Griesel H., Postel H., Suhr F., Ladenthin W. (2012). *Elemente der Mathematik – Arbeitsheft 7.* Ausgabe für Sachsen Braunschweig: Schrödel

· Internetquelle: sächsische Lehrplan
http://www.schule.sachsen.de/lpdb/

BEI GRIN MACHT SICH IHR WISSEN BEZAHLT

- Wir veröffentlichen Ihre Hausarbeit, Bachelor- und Masterarbeit

- Ihr eigenes eBook und Buch - weltweit in allen wichtigen Shops

- Verdienen Sie an jedem Verkauf

Jetzt bei www.GRIN.com hochladen und kostenlos publizieren